【原案】
華緒

【漫畫】
田二郎

點燃最後一把火的送行者

一級火葬士的
工作日常

saigo no hi o tomosu
mono kasoba de hataraku
boku no nichijo

Contents

※蟬鳴

小兄弟，你還這麼年輕，好難得喔。

為什麼會想成為火葬場員工呢？

這在以前可是頗受歧視的職業呢。

前輩 火葬場員工
尾知茂

**第1話
從今天起
正式成為
火葬場員工**

不，能協助他人走完人生最後一程，我認為是很不了起的工作。

誠懇

這是我，下駄華緒在火葬場這個嚴酷的職場環境，第一天上班所發生的事。

原來是這樣啊，啊哈哈哈。

那我就先帶你大致參觀一下火葬場內的設施。

好的！麻煩您了。

開門

我那時壓根沒想到，原來這位大叔前輩正在暗中考驗我，

完全就是狀況外。

我們這座火葬場還算挺新的，大概靠七至八名員工在運作。

這裡叫做爐前大廳，會在此進行撿骨等儀式。大部分的家屬應該只會在這裡進出。

最近的火葬場都蓋得挺漂亮的呢。

這裡是員工浴室。

火化過程中會產生大量的熱氣和臭氣，所以沐浴也是很重要的工作環節之一。

火葬場還能洗澡啊…

這裡是員工休息室。

打開

火葬場員工基本上都很閒，就好比今天只有一件預約，實際上班八小時，處理一則火化案件需要兩小時，所以會有六小時空閒時間。

像這種時候，大家除了打掃，大概就是在這裡聊天……

那接下來，換我出題考考你喔，嘻嘻。

好…好的，還請手下留情…呵呵呵

※轟—

※ギィィィ ※開門聲

接著，大叔打開了一道厚重的鐵門……

終於進入核心部分了。你可知道這裡是什麼地方呀？小兄弟。

……我……完……完全不知道……

好吵喔……

這個名稱的重量將我第一天上班的亢奮情緒，一口氣拉回現實裡。

焚燒區……

這就是我們的工作現場。

※轟—

※コォ

這裡是火化遺體的場地。

位於火化爐後方，所以又叫爐後焚燒區。

006

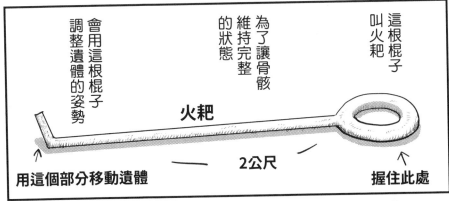

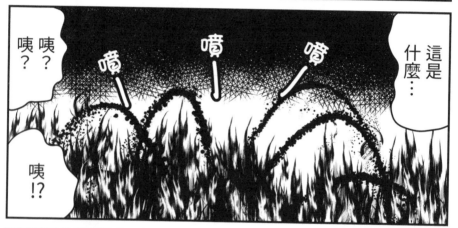

一邊起身坐了起來。

ボ゛ー゛ー゛

※噴一

緩緩地，

遺體扭～動著上半身，

轉頭看向我。

ギ゛ー゛

而且，在這之後這具遺體還出現了更令人難以置信的情況。

頭暈

目眩

汗如

雨下

※滋滋

凝視著我。

對著我的眼睛…彷彿求救般地，

哇——哇——嗚哇——

快點關火把人救出來!!整個人陷入恐慌。

我驚呼著遺體死而復活了!

別激動，人已經死了，沒有活過來。

大叔等我冷靜下來後，仔細做了說明。

人被火燒時，會像魷魚那樣不停地扭動。

有些人會呈拳擊姿勢有些身體會彎成く字型有些則是全身扭曲。

聽說會做什麼動作因人而異，所以實際上會出現各式各樣的姿勢…

大口喘氣

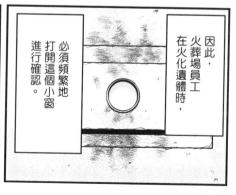

因此，火葬場員工在火化遺體時，必須頻繁地打開這個小窗進行確認。

冷靜下來了嗎？你再仔細看一看，

這位往生者是六十多歲的男性，死因為意外事故。

哈哈

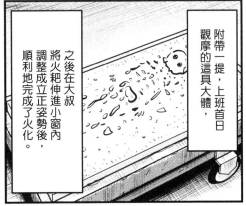

登場人物
介紹
其1

【下駄華緒】

生日……4月6日

本書主角。
淚腺非常發達,
個性有時稍嫌遲鈍,
但總是以一顆溫柔又熱誠的心,
貼近同事以及
痛失摯愛之人的家屬情緒,
是火葬場的菜鳥員工。

在火葬場就職
已經過了三個月。

本篇要跟
大家介紹一下
火葬場的一日流程。

出勤後首先就是
進辦公室確認
火葬場一整天的時程安排。

這座火葬場
一天最多
能處理
十幾則案件。

9:00

1 ○○家
2 ○○家
○○家
○○家
○○家
○○家

第2話
標註P的
大體要小心

○○家

2○○家 P

3°○○家

○○家
是P耶⋯

要注意⋯

然後，根據時程來決定要使用幾號爐進行火化，

9:05

並掛上名牌。

〇〇家

9:10

接著過沒多久後，

靈車抵達。

將棺木搬到爐前的輸送台車上安放。

台車會自行運作，關上爐門。

這對父女的感情應該很好。

爸!!你別走!!

芳子…

這樣會弄壞台車啦!

待僧侶誦完經後，

在我所任職的火葬場就會將爐門的鑰匙交給葬儀社保管。

這也用來表明，火葬場人員不會對大體做出盜取陪葬品或姦屍等大不敬之事。

014

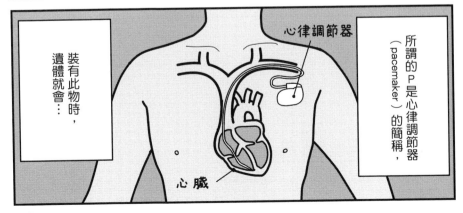

※啪

伴隨著震耳欲聾的巨響，在火化過程中碎裂!!

※匡啷—

甚至能在這塊以厚實強化玻璃打造的小窗上砸出裂痕。

其破壞力之強，會讓碎骨與肉塊如同子彈般飛散，

然而，不知是醫院的疏失，抑或葬儀社出差錯，

嗯，今天照平常處理就好。

有時裝有心律調節器的遺體並未被標註P。

某次曾發生這樣的狀況。

時間應該差不多了。

我固定會在點燃爐火的十五分鐘後，確認火化情況。

嗯，你去看看。

直接砸中我的臉頰。

好痛!!

打開小窗的瞬間，碎裂的遺體肉塊，

撳開

※砰——

在那之後，每當必須在焚燒區打開小窗時，我就會像大叔那樣，配戴強化玻璃鏡片墨鏡來當作護具。

萬一是擊中眼睛的話，後果可就不堪設想。

我想肯定會失明。

※痛痛痛

這或許跟
我的親友也
曾久病不癒
有關係…

從未產生
任何厭惡
的情緒。

不過…
說也奇怪，
我對於裝有
P的大體，

今天有
P耶…
要注意。

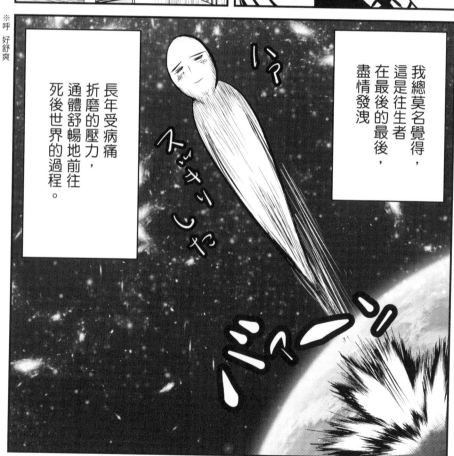

※砰

我總莫名覺得，
這是往生者
在最後的最後，
盡情發洩

長年受病痛
折磨的壓力，
通體舒暢地前往
死後世界的過程。

※呼
好舒爽

018

11:00

接著終於進入撿骨儀式。

這塊就是觀音骨。

遺骨當然也分成各式各樣的部位。

其中，在促請家屬撿骨前，我們火葬技師必須睜大眼睛，聚精會神找出來的就是，

觀音骨。

嘯？嚇？不會吧？不到技⋯ 焦慮焦慮

外型如同打坐的佛像般，備受重視的這塊骨頭，

並非一般俗稱的男性喉結（日文皆為のど仏）甲狀軟骨，而是第二頸椎，也就是從脊椎第一節往下數來的第二塊骨頭。

幾乎所有的家屬都會詢問觀音骨是哪一塊。

爸⋯

請您安息⋯

原本那麼激動的女兒，看到這塊骨頭後，顯得如此平靜⋯

在火葬場上班，才真切感受到，

撿觀音骨的做法深深紮根於日本的喪葬文化。

數座火化爐就這樣最多重複運作十幾次，

在傍晚五點時，結束一天的工作。

17:00

我所任職的火葬場可能是顧慮到煙霧與噪音對近鄰的影響，

從來不曾加班。

而且，結束一天的工作後，一定會泡澡。

因為焚燒區的熱氣與臭氣真不是蓋的。

因緣際會來到這裡上班，我總是莫名很有感觸地想著這些事，結束一天的工作。

是啊⋯就是這樣。我現在還活著⋯

在火葬場的浴缸泡澡⋯

今天還能活在世上真好。

呼⋯好舒服喔。

020

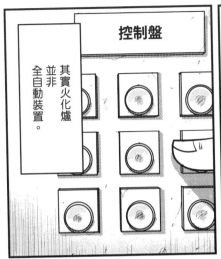

控制盤

其實火化爐並非全自動裝置。

3

本篇要跟大家聊聊大體的火化方式。

大家好，我是下駄華緒。

第3話 大體的火化方式

※轟──

幕後有我們這群工作人員，在酷熱與高分貝環境中，汗流浹背地操作燃燒器，

汗如雨下

真心誠意地為往生者進行火化。

下駄，從下方燒完棺木後，就轉成小火慢慢燒。

好的。

2

這位是浦田天一先生。

是比任何人都講究這門技術的火化專家。

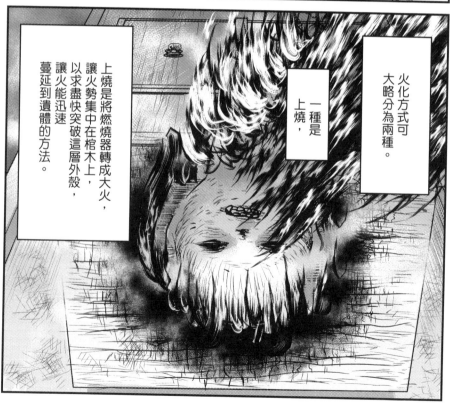

火化方式可大略分為兩種。

一種是上燒，

上燒是將燃燒器轉成大火，讓火勢集中在棺木上，以求盡快突破這層外殼，讓火能迅速蔓延到遺體的方法。

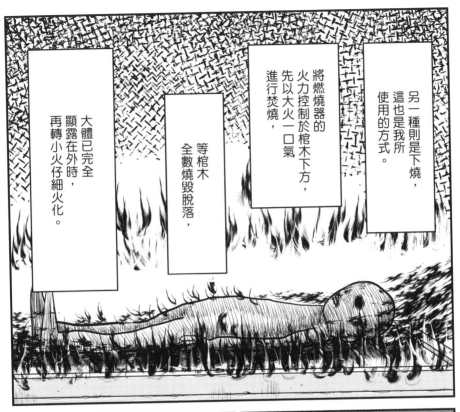

另一種則是下燒，這也是我所使用的方式。

將燃燒器的火力控制於棺木下方，先以大火一口氣進行焚燒，

等棺木全數燒毀脫落，

大體已完全顯露在外時，再轉小火仔細火化。

遺體受到燃燒時，會先形成瘢痕狀，變得焦黑，出現裂縫。

接著，會從裂縫中露出粉紅色的肉，

使用火耙調整，再多燃燒一會兒後，肉就會變焦黑，出現裂縫。

※脫落

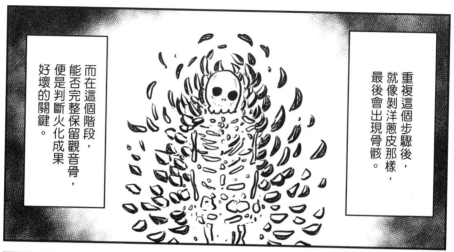

重複這個步驟後，就像剝洋蔥皮那樣，最後會出現骨骸。

而在這個階段，能否完整保留觀音骨，便是判斷火化成果好壞的關鍵。

我們這群員工就是為了追求這個目標，以自身認為最好的方式來面對每天的火化任務。

大致分為兩派

上燒派　　兩者皆用　　下燒派

浦田先生　　我　　大叔

上燒派與下燒派並沒有彼此敵對、互相較勁之意。

只不過在休息室時，座位就會像這樣沒來由地壁壘分明起來。

此時就會覺得，無比講究火化技術的浦田先生，

下駄，你的下一具大體是煙佛※，要多注意喔。

好的。

與我們同為下燒派，是多麼令人心安的事。

※很容易產生煙霧的遺體

火葬場的工作可大致分為火化與撿骨這兩項任務，通常會由員工輪流分擔，

但浦田先生總是負責火化。

浦田先生，為什麼您如此堅持負責火化呢？

親手火化了自己的母親。

小兄弟，浦田他啊，

啊!?

上工去。

時間到了，

扭

‧‧‧‧

我自己也不曉得……究竟是為什麼……

親手火化……

自己的母親……

幼稚園開學典禮

媽！！

下馱，快住手！！

我這就把妳救出來！！

1

我辦不到啦。

哈哈哈

小兄弟，你可知什麼樣的人適合在火葬場工作？

會被家屬的情緒感染，自己也跟著淚眼汪汪的人，是做不來這份工作的。

若是一顆心七上八下，在這樣的狀態下操作燃燒器，也很容易造成失誤。

那…那我不就不太適合這份工作…

你誤會了，小兄弟。

若只是冷血無情的話當然也不行，像你這樣心地善良，能夠共感家屬的情緒，並保持冷靜的人才是最理想的。

實際上，浦田從前也只是一個善良到不行的男人，所以才會在火化母親時失敗。

浦田先生耶！？

居然會失敗！？

浦田的母親似乎處於長年臥床的狀態，

這類型的往生者，全身骨頭會變得非常脆弱。

火化結束後，據說只剩下灰燼，碎裂到連骨頭的形狀都不剩，更別提觀音骨了，根本找不到蛛絲馬跡…

原來是這樣啊…

……

他才變得像如今這般冷靜，而且比任何人都更堅持做火化的工作。

在這之後，

當時浦田整個人失去理智，陷入非常狂亂的狀態。

這也是我聽其他人說的，

好冰！

浦田先生！這是冷水耶！

沒關係，不打緊的。

可能是負責澡堂的人員疏失吧。

後來，還發生了這段小插曲。

那天我們趁著工作空檔泡澡…

浦田先生養了一隻烏龜，

在某天死了。

我知道如此沉著冷靜的浦田先生，

其實也有溫柔又暖心的一面。

滿身雞皮疙瘩耶。

龜吉是以上燒的方式被火化的。

下駄，我很遺憾，

可能是受到浦田先生特立獨行作風的影響，

他非常傷心，還特地（烏龜愛好者莫見怪）為了愛龜請來了寵物火化車。

龜吉，我們天堂見。

浦田先生是個好人。

※轟—

日後我也親手火化了自己的祖母。

阿嬤，我們在天堂見喔。

我…做得到，沒問題的。

028

登場人物
介紹
其2

【浦田天一】

生日……11月23日

在自身母親火化之際，
因無法為其留下完整的觀音骨而懊悔不已，
故變得十分講究這門技術。
如今無論是何種狀態的大體，
都能呈現出完美的結果，乃火化專家。
與本書主角下駄同為下燒派，
對下駄而言是一位合得來，
宛如老大哥般的存在。

【尾知茂】

生日……8月27日

在火葬場工作數十年，
對火葬場內大小事知之甚詳的老前輩。
每當有新人報到時，
就會刻意使其觀摩深具震撼力的大體，
來測試此人能否做得長久。
除了這一點以外，便是個愛喝酒，
很有人情味，
個性活潑的人。

下駄來
解惑!!
火葬場Q&A

---| 問題 1 |---

實際進行火化時，
上燒派與下燒派何者占多數？

--- 下駄的回覆 ---

採用上燒或下燒真的端看工作人員的選擇，因此我認為沒有哪一派占多數。實際上，無論是哪種方式，就遺骨狀況與火化時間等方面而言都沒有差異。所以這其實比較近似工作人員的習慣、或說是偏好。再者，有些火化爐因為構造上的問題，無法選用上燒或下燒的方式。也有很多火葬場是無法調整火源方向的。此外，最新型的火葬場則搭載全自動化裝置，機器會自行調整火源方向與火勢，只要一個按鍵就能完成火化。不過這種最新型的火葬場仍屬少數，因此大部分的火葬場還是必須透過員工之手來進行火化。唯一可以確定的是，形形色色的工作人員都是在各式各樣的火葬場中，基於自身的信念完成每天的任務！

第4話
火化中的氣味

早啊

嗯?怎麼了嗎?小兄弟。

想說哪裡來的香味…這些花是誰插的呢…

本篇要跟大家聊聊火葬場的氣味。

啊哈哈,應該是浦田吧?只有他會在這個充滿男人體臭毫無女人味的職場,做這種貼心的事。

啊?

資深女員工
堀田菅子(57)
總是散發著貼布的味道。

不是我耶……你們兩位還未見過面,這是新進員工鬼瓦插的。

拍謝

很抱歉

原來…來了個這麼貼心的新人呀…

幾小時後，
在焚燒區。

這裡總是被火化爐的
熱氣與煤油燃料的氣味所籠罩。

濃濁

尤其現在是夏天，
真的非常難受。

必須準備一桶冰水，
頻頻將毛巾打溼，
貼放在頭頂與脖子上降溫。

2

1

因此政府規定必須
在日本全國各地，
設置一定數量
能能儲存煤油的
火葬場。

我所任職的
火葬場就是以煤油
為燃料的設施。

附帶一提，
在日本，
使用天然瓦斯的
火葬場逐漸增加，

但萬一發生災害，
停止供給瓦斯時，
就無法進行火化，

偶爾在調整大體姿勢時，由於火耙又重又長，會不小心碰到屍身腹部。

哎呀…

怎麼了嗎？小兄弟。

2

熏～

刺鼻指數就好比以手指摩擦鼻翼油脂會聞到的那種味道的十倍。

這…

簡而言之就是臭到不行。

好的。

小兄弟，要當心喔。

我們已經習慣了，所以不成問題。

可是，

實在太臭，我不做了。

很多新人因受不了這個氣味而離職。

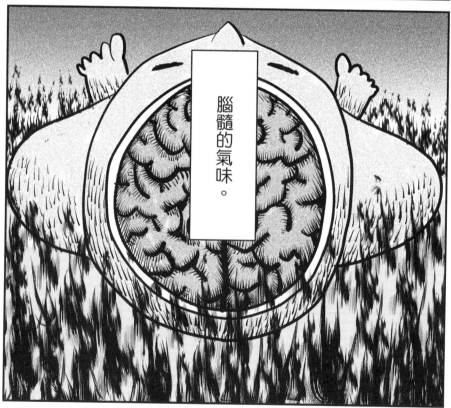

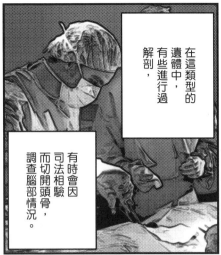

在這類型的遺體中，有些進行過解剖，

有時會因司法相驗而切開頭骨，調查腦部情況。

偶爾會有死於非命的大體被送來這座火葬場。

好的！！

小兄弟，小心！

大體會動來動去的…

心跳加速

ゴ―

※轟

頭骨會在相驗之後縫回去，

但在火化過程中絕對會掉下來，導致腦髓外露。

脫落！！

啊哇哇哇啊

這下可好了！！

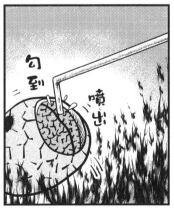

勾到

噴出

※烘－

腦髓的臭味
真的強烈到
無以倫比。

就算以噴火槍
直接炙燒
火秙五分鐘，
也無法去除掉
這股氣味。

※無法用任何詞彙
來形容這股味道

這會讓
人的情緒
愈來愈低落…

無精打采

小兄弟…
尾知先生…
我們，
一起努力，
一起加油吧，

分享一下
火葬場的
香味雙雄。

接下來，

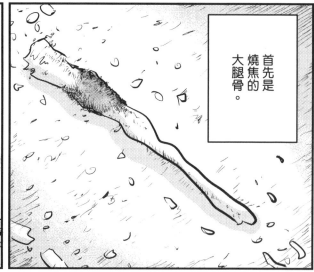

首先是
燒焦的
大腿骨。

※在預先
整理好
遺骨的前室

有時會
散發出我們
所熟悉的
烤肉香。

哦…

036

不過通常到這時候氣味已消失殆盡。

媽…

要將散發著烤肉香的遺骨呈現到家屬面前，實在非常尷尬，

最常見的物品之一就是水果。

陪葬品的種類五花八門，

另一項則是用來陪葬的水果。

最後則是番外篇。

辦公室

腦髓真的臭爆了。

唉唉…腦髓真的臭爆了。

開門

好香喔。

爐前大廳會充斥著哈密瓜香。

火化過後不久，

好香喔。

其中之最則是哈密瓜。

※可能因為水分多的緣故，火化後仍能維持完整形狀。

飄香

嗯?怎麼了啊,你們為何這麼無精打采呀?

沒怎樣啦

我們沒事。

一死氣沉沉

香味番外篇,新加入的生力軍氣味。

原本從事服裝業的新進員工
鬼瓦桃子(20)

初次見面,我叫鬼瓦桃子。

好香喔。

好香喔。

新進人員…

原來是女孩子呀…

嗯?你們倆是怎麼回事?突然滿面春風。

沒怎樣啦♡

我們沒怎樣喔♡

覺得长长

ホッホッ

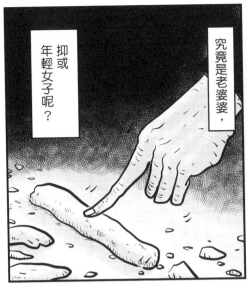

究竟是老婆婆，抑或年輕女子呢？

此人留著一頭疏於保養的及腰長髮。

喃喃自語

誰？

這人是誰呀？

第5話
神祕女子
墨田小姐

妳怎麼這樣啊!?

妳究竟是誰呀!?

碎唸碎唸

此人初次出現在火葬場時，

幹嘛碰骨骸!?

竟擅自混入家屬中，參與非親非故的往生者撿骨儀式，並率先觸碰遺骨。

名叫墨田，身分完全成謎的這個人，

在這之後幾乎每天都會出現在火葬場。

她會在出入口不斷做出像是在鞠躬敬禮的怪動作，

現身

然後擅自進入火葬場。

以時緩時慢的奇特走路方式，

在喃喃自語的同時專挑導盲磚走，

金金多有洞…

驚

骨灰室

常常會被嚇到。

但她還是會冷不防地再度出現在火葬場內部。

都會把她請出去，

我們每次

墨田小姐的行為
從某天開始
變本加厲……

某天早上，
爐前大廳被撒了
一地的
女用內褲與胸罩。

嘀嘀咕咕

這……
這是怎麼
一回事
啊……

驚嚇

拉開

不見了……

這是
怎樣啊……

等等…
這是
怎樣啊…

※啪噠

啊…

我所任職的火葬場隔壁設有告別式會場，

當天這座禮廳正在舉辦喪禮。

另一天，

喃喃自語…

而請她前往靈前弔唁。

墨田小姐悄無聲息地獨自進入會場，

家屬自然以為她與故人相識，

湊近觀看，

聽說墨田小姐接著打開棺木小窗，

接著露出一臉燦笑。

尾知先生，大廳又散落了一堆胸罩。

這人到底想幹嘛呀？她⋯⋯實在很詭異耶⋯

但墨田小姐已在不知不覺間消失無蹤。

立刻查覺到不對勁的家屬，隨即報警處理，

她應該是失去女兒，而且女兒是在這裡火化的吧？

因為太過思念女兒，才會做出那麼奇怪的行為。

祭奠？

別這麼說她，小兄弟⋯她可能是想藉此來表達祭奠之意⋯

我再怎麼樣就是不忍心責備她。

原來如此。是啊…說不定真的是這樣…

大叔是這座火葬場中唯一對墨田小姐展現友好態度的人。

然而，就在某天，

墨田小姐終究把事情鬧大了。

她混入素不相識的治喪家屬巴士中，跟著他們在餐廳用餐，

然後一臉若無其事地回到車內。

所以甚至演變成刑事案件。

這可不比瞻仰遺容發笑的情況，這次因為牽涉到金錢，

誰？
是誰？
誰？
誰呀？

啊?

她是個可憐人,
失去了
心愛的女兒…

可是刑警先生,
那個女人
也是有苦衷的…

警方也
鉅細靡遺地
對火葬場員工
進行了問話調查。

……
怎麼會…

呃?

她沒有
女兒耶。

她沒有女兒啦…
還單身呢。

怎…怎麼會
這樣…

她又來了⋯
明明捅出
那麼大的
簍子⋯

⋯⋯⋯

喃喃自語

翌日

鳥鳴聲

原本那麼袒護
墨田小姐的
大叔，可能是
覺得遭到背叛吧，
無法再對她友善。

這裡已經沒有
任何人會再
幫她說話了。

向前衝

看我的厲害!!
臭女人!!

給我滾出去!!

丟

即便如此，
墨田小姐
仍舊幾乎
每天來報到，

不禁令我認為她應該
非常喜歡火葬場。

她又
來了⋯

046

等等！怎麼會這樣啊！！

這根本不是我媽的骨頭啊！！是你們搞錯了吧！！

偶爾會有這種情況，

我媽是全口假牙耶！為什麼會出現牙齒！！

家屬當然沒有惡意，只是因為缺乏骨骼方面的知識而開砲…

※指責

我們沒搞錯，那是令堂的遺骨。

這的確是令堂的遺骨。

所以本篇要跟大家聊聊骨骸二、三事。

第6話 不為人知的骨骸祕密

這是沒有長出來的智齒。

※哇哇大叫

我也想快點擁有這樣的功力。

嗯，完全就是火葬技師的表率。

往這走喔。

前輩，尾知先生真厲害耶，被罵成那樣還這麼鎮定。

讓你們久等了。

花了一番功夫才搞定。

剛好我們三人接下來要在前室進行作業。

啊，對了，新加入的鬼瓦在尾知先生的例行測驗中，表現如何呢？

幾小時前

此時我已任職半年。

默默燃起了鬥爭心。

快點…要比妳還快…

其實我…對這位鬼瓦後輩

燃燒

咦？

這個嘛…老實說我很驚訝。

尾知先生會在一開始讓新人觀摩體液四濺、會動的大體等極富震撼力的景象，來測試對方是否適合這份工作。

※烘—

※飛濺—

※轟—

妳會作何反應呢？小姑娘。

從背影也看得出來，她起初有點慌亂，

我想這個人一定很開心。

然後，

原本因死亡而動彈不得的身體，

在最後的最後，終於有辦法動起來，想起自己不枉生而為人，

所以感到開心！

她跟我說，

眼神發亮

不過轉頭看向我時，已經面帶笑容。

從容微笑

再多動一點！

加油—

我還是第一次看到為大體加油打氣的人。

小鬼不但合格，而且還是神之子，很神奇的孩子。

呵呵呵

小兄弟，你要是掉以輕心的話，可是會立刻被超越的喔。

哇哈哈

嗚嗚…

吸…

前室

爐前大廳

火化爐

熊熊

燃燒

這裡是前室。是在家屬撿骨前，用來整理遺骨的場地。

啊…這具大體果然還很年輕呢。

通常越年輕，火化後的骨骸也會越完整。

嚴肅

我…我知道！這題請讓我這個前輩來回答！

那裡肯定就是生病的地方‼

哦？

嗯…

小兄弟、小姑娘，你們可知道這個黑黑的部分是什麼？

害得前輩好受傷！

究竟是誰用這種說法來騙人呀！

時常會在坊間聽到這樣的說法，但那全都是騙人的。

這幾乎都是焚燒得不完全，或是陪葬的食品。

錯啦——

噗—前輩小哥，太可惜了。答錯。

這是從江戶時代流傳下來的謊言啦。

從前沒有火化設備，單純只是在空地生火焚燒遺體。

有一說指出，這種方式很常燒得不完整，成果差強人意，為了掩飾這樣的情況，只好用這種說法搪塞

前輩！請再多教我一點骨骸的知識！

請不要灰心呀！

嗯，那……講一下觀音骨……觀音骨是指……

※啊—

前輩！！

小兄弟！！你被上顎骨割到手了耶！！

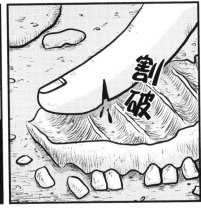

上顎骨是人體中最堅硬又銳利的部位，

要小心呀。

051

要把它們敲碎到可以裝進骨灰罈的大小也很不容易。

火化後也不會變鬆脆，

還有一種骨頭也很硬，

那就是溺斃的往生者遺骨。

滴滴答答

※喀一

會發出清脆的聲響。

由於質地無比堅硬，因此兩相碰撞時，

喀一

甚至令我覺得，這是往生者

在自行淨化溺斃時所承受的痛苦。

※喀一

音色非常清澄，

好，準備收尾了喔。

要把頭骨敲碎。

我們會在前室預先將頭骨敲碎成裝得進骨灰罈的大小。

是…

但這項作業其實挺難受的。

因為在這階段我們已經目睹過遺照，

對我來說

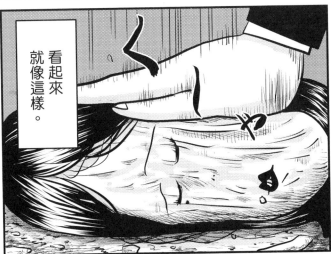

看起來就像這樣。

※壓扁

唉…

相反地

又怎麼了嗎？前輩。

在為數眾多的骨頭當中，唯一顯露於體外的，

就是牙齒。

所以，

看到露齒笑得開懷的人時，在我眼中…

這個人最後也會死，變成靜悄悄的骨骸，

但在這一瞬間，她是活著的，並且笑嘻嘻地看著我…

不禁令我覺得這是多麼珍貴的存在。

偶爾便會呈現出這副光景。

就在這時…

燦爛笑容

加油喔，前輩。

思及此，我那暗自猛烈燃燒的鬥爭心態根本一點都不重要，簡直就是無聊。

鬼瓦就是現在在這裡與我一起燃燒生命的同伴。

太奸詐了，年輕人偷偷抱在一起！

歐吉桑也想跟你們一起加油!!

拉開

……

好的。

嗯，我們一起加油。

下駄來
解惑!!
火葬場Q&A

───┤ 問題 **2** ├───

最難火化的骨頭是哪一塊
或哪一個身體部位?

─── 下駄的回覆 ───

最難火化的部位,我想「薦骨周圍」應該會是日本所有火葬場共通的答案。此部位剛好就在下腹,靠近臀部的地方,薦骨則位於左右骨盆的中央,呈三角形。這部分常常只是變得焦黑而殘存到最後。因此,在火化進入尾聲時,如何盡快讓這部分火化完畢則成為重點所在。盡可能將火力朝向此部位,迅速焚燒,也有助於縮短整體的火化時間。第二難燃燒的部位,應該是頭部吧。這不只是我自己的親身感受,許多火葬場員工也持相同的意見。幾乎所有的火葬場皆採用從故人頭部方向出火的火化爐,但又因距離太近反而無法著火(燃燒器位於頭部旁的火化爐,由於火源太近,因此臉骨較容易變得不完整),有時會陷入苦戰。

下駄來
解惑 !!
火葬場Q&A

—————————┤ 問題3 ├—————————

書中描述了手指被上顎骨割傷的情節，
在整理遺骨之際，
是否有其他經常發生的傷害或意外？

————————— 下駄的回覆 —————————

雖說工作人員必須謹慎留意，小心防範傷害與意外，不過有時仍
舊防不勝防。我個人認為，最常發生的職災是「燙傷」。有些火
葬場、甚至是同一家火葬場有時也會因往生者的狀態不同，導致
撿骨時台車仍非常滾燙。汗水滴落到台車還會發出「滋」的聲
響，其滾燙程度可見一斑。明知很燙，可手掌或手腕偶爾還是會
不小心碰到台車，令我忍不住驚呼「好燙！」……所以請大家務
必小心注意。此外，也要呼籲帶著小孩的家長，一定要好好叮嚀
孩童不要靠近台車並多加留意！徒手觸摸到高溫狀態的台車……
光是想像都覺得可怕。無論哪一家火葬場，最熟悉環境的莫過於
工作人員，為了防範這些意外，懇請大家好好聽從員工的指示。

某天，可能是在械鬥過後吧，

在死亡面前，人人平等。

謝絕幫派組織相關人員進入

但在火葬場可無法如此一視同仁。

※老大～

※老大～

第7話
嚇掉半條命的
恐怖火葬

※我們會替你報仇的——

一群身負重傷的黑道人士，大舉襲來。

本篇就要跟大家聊聊當時的經歷。

負責火化的是誰？萬一火化完，觀音骨斷了的話，他們可能會宰了我。

尾⋯尾知先生，怎麼辦吶，我必須負責帶他們撿骨耶⋯

啊哈哈，一臉慘白耶你。小兄弟別怕、別怕，就當學個經驗，火化就交給浦田吧。

拜託啦

麻煩您了。

好啊，沒問題。

因此，火化就由本火葬場技術最好的浦田先生來負責。

還真猛⋯從未見過如此強健的骨骸。

真不愧是浦田先生，觀音骨也保留得很完整。

這不是靠我的技術，而是這位往生者原本身體就很健壯。

小哥，觀音骨是哪一塊啊！！

失去一隻腳，拄著拐杖的這名男性，可能是第二把交椅。

總之氣勢非常驚人。

通通集合過來！！

接著來到緊張萬分的撿骨時間。

那我們現在就開始進行撿骨。

魚貫前行

心跳加速

小哥！

你拿在手上讓大家好好看一下！

是這一塊。

真不是蓋的！！不愧是老大的觀音骨呀！！

哦哦！！

抖個不停呀

哎呀…糟糕，整個人…

連觀音骨也跟著抖動。

冷汗直流

抖 抖 抖 抖

※是！是！是！

好，那你們把骨頭放進罐子裡‼

啊，等等，我還沒⋯做撿骨的說明⋯

慌慌張張

⋯⋯⋯⋯

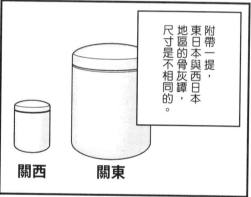

附帶一提，東日本與西日本地區的骨灰罈，尺寸是不相同的。

關西　　關東

將所有骨骸都裝入骨灰罈的全收骨，以及只取重點部位的部分收骨則是彼此的差異所在。

我所在的地區為西日本，必須從全身的骨頭進行篩選。

老大⋯

一路好走⋯

※啪噹──

‼

聽好了！

你們都給我選又大又堅固的骨頭來放！！

……

你搞屁啊！！

老大可是無比強大的男子漢！！不准放這麼小又廢的骨頭！！

遵命！

遵命！

遵命！

遵命！

遵命！

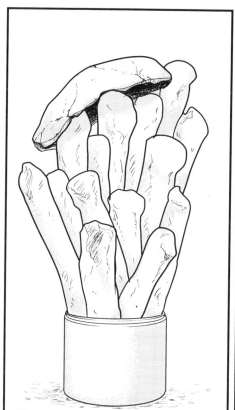

你們…給我拿好！

是！

是！

是！

好重!!

啊…請聽我說…

戰戰兢兢

我們這裡是…部分收骨……

慌到極點

……

簡…簡直就像蔬菜棒…

小哥，就這樣幫我們處理吧!!

……

辛苦各位了。

太好了，總算結束了。

呼

以後就找你啦。

請上車。

……

※湊近——

喲！小哥，你挺有膽量的嘛

サァ

就這樣，被角頭看上的我，

嚇死我了……

噗——

嘔

口吐白沫

遂成為這群凶神惡煞的專屬撿骨負責人。

人從出生後就是不斷地邁向死亡。

這是生命必然的結果，只能接受。

但是兒童…兒童的死，總令我難以釋懷，無法認為這是必然的結果。

※腳步聲

身為火化技師，我必須時刻保持冷靜，但遇到兒童往生時，感到無比憐憫的情緒總不由自主地滿溢而出。

或許是這種情感引發了某種作用吧…當時的我，壓根沒想到，後來竟然會發生那種事。

幾小時前

那天被送來的，是只有成人尺寸三分之一大的小小棺木。

好輕…

啜泣聲

嗚嗚嗚

第8話
發生於火葬夜的靈異體驗

065

是啊⋯

小孩的火葬最令人難過。

崇士～

崇士～

崇士～

嗶

崇士⋯

啊？我可以的，請讓我負責！

火化也全包在我身上！

好像是由小兄弟你負責撿骨，

你可以嗎？還是換我來？

崇士小朋友，我會好好送你走完最後一程的。

這也是成為一流火化技師的重要一步。

總不能因感傷就老是逃避吧？

說得沒錯，那就交給你啦。

前輩一定做得到的！

不行，終究忍不住落淚…

嗚嗚嗚

喂…你別這樣看著我。

3

ブォ——

※轟——

竟然跟著哭了，小兄弟可能是大器晚成型的人吧。

有什麼關係！因為前輩很善良才會這樣！

啜泣聲

嗚嗚嗚

接下來開始進行撿骨…骨骸小得令人心疼…

然後發生了那件事。

而且那天輪到我當班巡邏，所以在場內待到很晚進行點檢，

雖然我在過程中忍不住落淚，但當天沒有出任何差錯地完成了各項工作。

火化爐後的
兩側設有
又大又重的鐵門，

我先鎖上
一道門，準備
走到另一側時，

從後方傳來
剛剛才上鎖的
鐵門開開門聲。

我急急
忙忙
走回去
確認，

鐵門的確
有上鎖，
而且關得
牢牢的。

嗯……
是那孩子。

那時不知為何，
就是覺得，

理所當然地
這麼想。

……

對不起喔……
大哥哥
要回家了。

入睡後不知過了多久，

哎⋯

噗—通

總覺得今天好累喔⋯⋯

滴答

我並沒有靈異體質，

但在那時確實感受到某種東西的存在。

半夢半醒

哦哦，果然還是跟著我回來了⋯

鬼壓床⋯

⋯⋯該不會是

睜開眼

那就…從「水瓶」開始吧。

蘋果。

那要不要玩接龍？

好啊，我想想，

呃…可以說話呢…

大哥哥，跟我玩嘛。

可是，我卻一點都不感到害怕。

梅花。

全都是紅色的。

酸梅。

蟻酸。

火蟻。

爐火。

糖葫蘆。

果糖。

怪了？這孩子從剛才到現在所說的詞彙…

滅火器。

啊啊…情況似乎有點不妙…

澆滅。

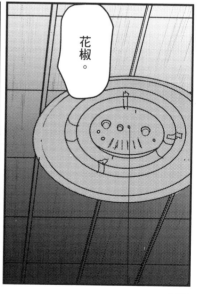

花椒。

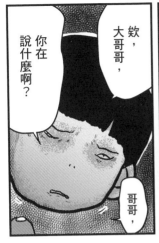

※鳥鳴聲

翌日，心有餘悸的我…

大汗口如雨下喘口氣

原來…是夢啊…

哇—起身

就是「汽車」。

我最後想說的「汽」開頭的詞語，

獨自一人提早上班，查了一下小男孩的事。

在火葬場大多可查閱到死因等資訊。

※哇哇大哭

是說，這小兄弟還真愛哭耶…

別難過別難過！前輩肯定沒問題的！不哭，不哭!?

前輩！

哇—哇—哇—

怎麼啦!? 小兄弟！

對不起對不起

車禍…

各位，那真的單純只是我被鬼壓床時所做的夢而已嗎？

是罹患傳染病的往生者。

嗯，肺結核。

尾知先生，我等一下要負責的大體是……

傳染病!?

別慌，別慌，只要按照規定來，就一點都不可怕。啊哈哈哈。

※啪嘰

第9話
罹患傳染病的往生者之火化

本篇要跟大家聊聊火葬場如何處理傳染病遺體。

你還笑，可不能把事情想得那麼簡單呀。

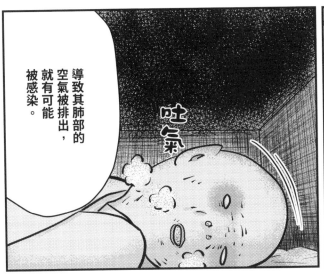

導致其肺部的空氣被排出，就有可能被感染。

吐氣

在搬運過程中，不小心晃動到遺體，

所以一定要戴口罩喔。

還有，預防萬一也要戴上橡膠手套。

因為難保棺材不會有病毒附著。

還有嗎？

還必須做些什麼？

嗯。

就只有這樣。

安啦，安啦，啊哈哈哈。

前輩，我們一起加油！

就這樣!?這樣真的沒問題嗎!?

※轟

進行一連串的處理，

結果……

不敢鬆懈地，

小心謹慎，

※轟

普通…

甚至令我們有點不知所措…

完全就很…

沒有任何特殊情況，

但之後又發生了一件事。

雖然我並沒有因這樣而掉以輕心，

※轟

在火化爐的火力摧毀下，不消說，病毒與病菌自然都會死光光。

已經太遲了。

小兄弟，手不可以放開喔。

只能先這樣。

怎麼辦！尾知先生，我該怎麼辦才好!?

我卻忘了戴手套。

明知是罹患傳染病的大體，

啊…小兄弟，手套。

啊！

……

必…須…好好洗乾淨才行…

去吃午餐啦

肚子好餓喔

……

※嗚嗚嗚嗚

昨天啊，我在樓梯摔了一跤，

話說今天很熱耶。

※2020年5月進行取材當時，新型冠狀病毒肺炎為第一類法定傳染病。

感染新冠肺炎
死亡的遺體，
會被裝進
屍袋後才入棺，
但不能舉行喪禮，
會直接從醫院
被送往火葬場。

火葬場現在因
新冠肺炎
而人仰馬翻。

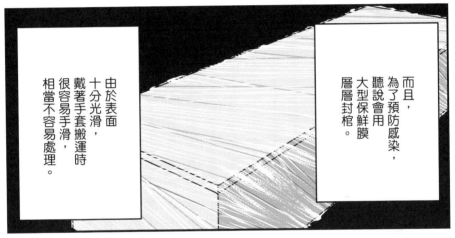

而且，
為了預防感染，
聽說會用
大型保鮮膜
層層封棺。

由於表面
十分光滑，
戴著手套搬運時
很容易手滑，
相當不容易處理。

這是為了
避免在
家屬親友間
造成群聚感染。

家屬完全無法
到場送別。

聽說防疫防護衣穿起來非常熱，

光是將大體送進火化爐就已經滿身大汗。

最辛苦的是，第一類傳染病與第二類的規定不同，必須全程穿著防護衣。

為了避免人耳目，必須低調處理感染者的大體，所以會等一般業務全部結束的五點過後才進行。

撿骨也是全交由工作人員負責。光想像都覺得冷清寂寥。

各位讀者，新冠肺炎仍在延燒，

我們一起加油努力。

午休結束，下午也要保持幹勁，好好加油喔！

好的！

好的！

但大家還是秉持著我不入地獄誰入地獄的精神努力著。

ミ—ッ ミ—ッ ミ—ッ

※蟬鳴聲

080

我怎麼會這麼遲鈍啊。

好糟糕，我實在好糟糕…

怎麼會呢，前輩！前輩心思可細膩的呢！別傷心，我們一起努力，好嗎？

事情是這樣的。

我剛剛在爐前大廳，看到一個不知為何物，外型就像黑色鱈寶的東西。

尾知先生…為什麼我會這麼糟糕啊？

實在是遲到令我感到很懊悔。

嗯？怎麼了？小兄弟。

怎麼又這麼垂頭喪氣。

呼

終於除完草

仔細一看才發現，這個人的鞋子…

鞋底整個脫落了。

一副不知所措的樣子，朝著我的方向看，一張臉漲得通紅。

接著，在場的一名男性倏地轉過頭來，

我心想這會妨礙到在場人員，

就一腳把它踢了出去。

這啥？

喔。

好髒。

踢

啊哈哈，這種情況以前常發生。突然必須參加喪禮，把塵封已久的皮鞋拿出來穿，

但因年久脫膠，等到火化結束後，場內到處散落著鞋底…

原來那是這個人的鞋底…

吼…我剛才幹嘛那麼隨便地把它踢出去啊？

這個人一定很受傷…

是啊，前輩，春天已不遠啦。

不行…我根本就是凍原。

鑽牛角尖。

下駄，冬天來臨，春亦不遠矣。

多愁的年輕人，肯定會迎來燦爛的春天。

小兄弟你絕不遲鈍，心思甚至太過細膩呢。

這麼在意別人的感受，可是會吃不消的。

小兄弟，這樣好了，我特別跟你分享一下本火葬場的傳奇廢員工故事。

隨你便。

沒關係吧？小菅？

這已經是幾十年前的事了。

我26歲

當時我的頭髮還很茂密，同期的傳說人物也在這座火葬場工作。

廢員工25歲

當時在這裡還有另一位女員工，是個萬人迷。

她真的好美好美，我當然也對她心生愛慕。

萬人迷24歲

那傢伙真的辦事不力，不但會失手打破骨灰罈、找不到觀音骨，花了一小時也最離譜的是還曾打噴嚏把骨灰吹得四處飛散，總之就是一個很糟糕的傢伙。

哈啾！

哇～

冷汗直流

還沒好？

啊

083

熊熊妒火

甚至對那傢伙感到憎恨。

我真的很不爽，非常不爽。

別在意呀。

如此美麗的萬人迷，不知為何總是偏袒那個廢材…

出來的卻是，

某天，在我準備帶領家屬撿骨，按下輸送台車的按鍵，等待一切就緒時，

按

他在工作上的表現毫無長進，而且愈來愈糟糕。

或許是因為萬人迷縱容他的緣故，

咦？

咦？

咦？

咦？

清潔溜溜空無一物的台車。

完全看不到遺骨的蹤跡。

084

原來那傢伙在後方前室作業時，誤以為已經撿完骨，而將這副骨骸都全打包整理起來丟掉。

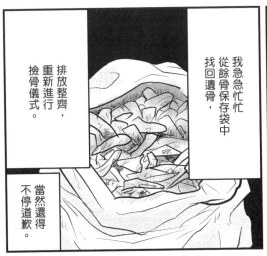

我急急忙忙從餘骨保存袋中找回遺骨，

排放整齊，重新進行撿骨儀式。

當然還得不停道歉。

即使發生這種事，萬人迷依舊袒護他。

加油！

妳為什麼會這麼寵那傢伙啊？

咦？

我也不知道⋯每當我看到他，就是會忍不住想為他加油打氣⋯

莫非，我喜歡他嗎⋯？

※咚

可惡！

然後，來到了那令人永難忘記的一天。

※轟─

當天，那傢伙，負責狀況欠佳的三號爐火化工作。

085

真的很抱歉！

非常抱歉！

我只能下跪再下跪，跪到五體投地，再以其他火化爐重新火化。

怎麼這麼樣啊……

抱歉！

真的很抱歉！

那簡直就是爐前大廳的地獄風暴。

跟他的種種行徑比起來，小兄弟根本一點都不糟糕呀。

當然是被開除了。

嗯，

那位糟糕的員工後來如何呢？

啊哈哈，她沒有放棄那男人，兩人最後結婚了。

我是指萬人迷的戀情。

話說……那位萬人迷小姐後來如何呢？

話說……

的確……

堀田女士嗎!?

啊!?原來萬人迷是…

是吧，小菅，妳老公到現在還是一樣沒長進吧？

對啦。

相信我…

前輩！我結婚後絕對不會變那樣喔！真的啦。

哦。

尾知先生！結婚後大家都會變得這麼豪邁嗎？

嗯，對啊。

那混帳在那之後沒一份穩定的工作，整天喝酒賭博。

實在不該跟這種男人結婚的！

可惡！

遲…

頓…

咦？

春天來了呢，小兄弟。

咦？有嗎？

羞

登場人物
介紹
其3

【鬼瓦桃子】

生日 ⋯⋯ 不詳

下駄的火葬場後輩員工。
由於原本在服飾業工作,
因此相當善於溝通交際,
是火葬場的氣氛營造者。
面對尾知先生的新人考驗,
也未受到動搖。外型甜美,
熟悉工作的速度很快,
能俐落地處理好各項任務。
對前輩下駄有好感。

【堀田菅子】

生日 ⋯⋯ 1月8日

與尾知先生同期的資深女員工。
過去曾是火葬場的萬人迷,
受到許多男性員工的愛慕,
尾知先生也是其中之一。
後來則與尾知先生的另一位
同期男同事結婚。

下駄來
解惑!!
火葬場Q&A

———┤ 問題 4 ├———

火化時最常發生的
失誤是什麼？

——— 下駄的回覆 ———

我認為是火化得不完全。光就字面上來看，或許會讓各位讀者聯想到非常嚴重的狀況，但我所說的不完全與其說是尚留有肉塊……嗯，就某種意義而言也的確是如此，不過簡單來說，就是指骨骸仍殘留著黑色部分的狀態。或許想成有黑色碳粒附著在骨頭上，會比較好理解。火化進入尾聲時，我們會先關火從小窗中察看仍散發著灼熱紅光的爐內，確認骨骸有無黑色的部分。這時候需要熟練的技巧來進行判斷。即便乍見之下整體看起來是乾淨的白色骨骸，可長年的經驗直覺可能會認為「不，還得再燒一下……」。實際上，經常會聽到資淺的員工表示，以為已經大功告成了，打開來看才發現依舊殘留著黑色部分……不過，如同前述般，碳粒附著的程度實屬輕微，必須仔細看才會發現，因此或許家屬也不太會注意到。然而，我所任職的火葬場則相當注重這方面的狀態。

附帶一提，同為火葬場員工的話，應該會比較清楚我所說的這種情況，當我們覺得有把握「好，已經可以了！」的這種時候，要說骨骸是白色的也沒錯，但同時會呈現出一種晶瑩剔透感。此時的遺骨實在無比美麗。

在這世上有許多無依無靠，孑然一身的人，令人覺得心疼。

當人死亡時，大多是由親屬領回遺體，進行喪葬事宜，

第11話 無親無故的往生者之火化

地方自治單位則會替無親無故的大體進行火化，

無人認領的這些遺骨會被編號，存放於火葬場的骨灰室好幾年。

這裡所保管的幾百個骨灰罐，

就這樣不斷等待不知是否終有一天會到來的領取者。

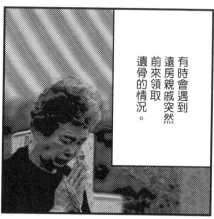

有時會遇到遠房親戚突然前來領取遺骨的情況。

嗯？

尾知先生，今天是…

動作彆扭

定期重排骨灰罐，將空缺部分補滿也是我們的工作之一。

好的。

小兄弟，今天要請你跟我一起去骨灰室重排骨灰罐喔。

我看看

8月予定	
16	
17	
18	
19	
20	
21	
22	
23	
24	
25	
26	
27	
28	
29	
30	

我最擅長用諧音來記數字了，所以大家的生日我都記得喔。

哇，妳竟然記得住我這老頭的生日。

我的生日。

笑

這是送您的禮物。

今天是您的生日吧？

尾知先生的興趣是釣魚。
827

拿一生幸福下賭注的堀田女士
18

啊哈哈，妳知道得真多耶。

想不到妳挺失禮的嘛。

哦，真不錯的，是魚造型的菸灰缸呢♡

8月27日

1月8日

浦田先生是好哥哥。
1123

前輩則是很會解讀他人的情緒。
46

……

有嗎？我不覺得耶。

11月23日

笑

4月6日

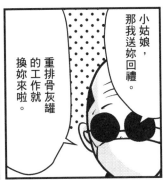

小姑娘，那我送妳回禮。

重排骨灰罐的工作就換妳來啦。

咦？真的不需要這樣…

我已經不是那種放學後跟溫柔的學長獨處，心頭會小鹿亂撞的國中少女了。

沒關係啦，就這樣。

保管室

還挺暗的耶，好像放學後的圖書室。

是…是啊。

※心兒怦怦跳

前輩⋯

⋯⋯⋯

這些骨灰罐好小喔。

這裡的骨灰罐可能也因為保存空間有限，只有手掌大小。

雖然有編號，但已經過了很多年，順序都亂掉了。

那我們開始吧。把空格補滿，重新排放。

我想想⋯

骨灰的心情⋯？

被存放在這裡，無親無故的骨灰們，究竟是什麼樣的心情呢？

或許就像所有小朋友都回家了，只剩自己沒有人來接⋯孤單地在夜間幼兒園苦苦等待的心情⋯

好可憐喔⋯

想到這麼小的骨灰罐內都住著一個孩子，就覺得無比心疼。

移動排列

⋯

⋯

站定

嗯？想說你們兩個一起工作應該很開心，氣氛怎麼這麼沉重？

你們可以幫我看一下這具大體嗎？

好的。

好的。

似乎是因為家屬太多，延誤了行程。

說要再等一下才會抵達。

這具棺材好豪華喔。

家境應該很富裕吧。

必須暫時保管大體時，我們也是使用這個房間。

保管室

這位往生者有很多家屬送終，這些骨灰卻都是孤單一人。

人生就是不平等。

前輩，我從剛才就注意到…可以說嗎…？

咦？

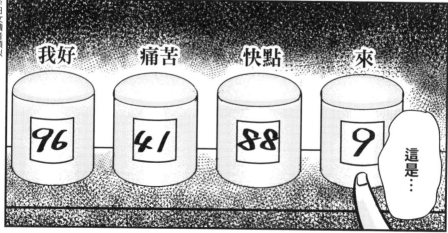

※日文讀音類似

我好　痛苦　快點　來

96　41　88　9

這是…

這是…

莫非是…

※抓

カ゛゛イ カ゛゛イ カ゛゛イ

快來接我!!

カ゛゛イ カ゛゛イ

媽媽!!

……… …………

カ゛゛イ カ゛゛イ

前輩，
那些
無親無故的骨灰，
如果都無人
認領的話，
最後會怎樣？

辛苦你們了。
家屬到了喔。

呼 呼

※關門聲

氣氛又
比剛才更
凝重了耶。

嗯？

カ゛チャ

097

下班後來打通電話給我媽，好久沒聯絡了。

是啊。

那就好，到最後大家會組成大家族呢。

會被合葬在無緣塔內。

其實我也是孤家寡人一個。

妳呢？

好堅強…

但是沒關係，我到最後也是大家族成員！

但也有人就像開在野外的花朵般，活得亮麗精彩。

天氣真好

什麼!?

是呀！

我的父母親離婚又過世了。

雖然認為人生本就不平等…

是喔…

…：

※沙沙作響

週末，當天最後一具大體，在暴風雨前的寧靜中肅穆地被送來。

大型颱風登陸時，交通會癱瘓打結，導致遠方的親屬難以前來參加喪禮，所以守靈夜或告別式會延期舉辦。

※沙沙作響

然而，火葬場卻不能說延就延。

因為大體的腐壞是與時俱進的。

第12話 溺斃往生者的大體火化

遇此情況，有時會先由殯葬業者代為進行火葬。

這次的大體就是在此情況下進行火化的。

好重…

浦田先生在幹嘛？

※沙沙作響

呼…

怎麼了嗎？
尾知先生…

您似乎跟平時
不太一樣…

或許是氣壓的影響？
哈哈哈…

颱風來時，
舊傷就會
發作…

拍謝
拍謝

※沙沙作響

舊傷嗎…

小兄弟
……

這具大體啊…

哇！

怎麼會有水！？
應該還沒
開始下雨吧！？

什麼!?

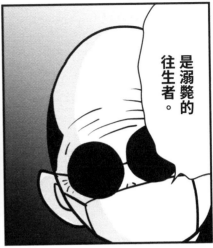

是溺斃的往生者。

嗯，是從大體滲出來的水。

那、那這些水是…

好強…

沒事，只是連腋下都濕透了。

……妳…沒事吧？

不是啦，小兄弟，溺斃的往生者大體因為含有大量的水分，所以很重。

是說，這具大體好重啊。可能體格很魁梧吧？

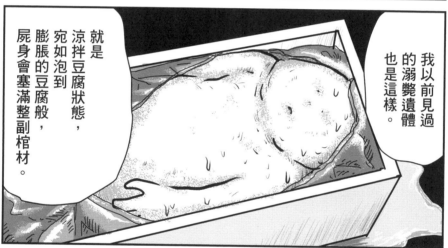

我以前見過的溺斃遺體也是這樣。就是涼拌豆腐狀態，宛如泡到膨脹的豆腐般，屍身會塞滿整副棺材。

※風吹呼呼作響

ヒューーー

がさ がさ がさ

好的⋯

麻煩您了⋯

下駄、鬼瓦，那我們去後場吧。趁這個機會，我教你們怎麼火化溺斃的往生者。

這⋯這⋯

驚呆

涼拌豆腐？

哦，談妥了嗎？

是的，大家都全身濕答答耶。

102

我們稱溺斃的往生者為水佛，水佛在火葬時會產生大量煙霧，所以也是煙佛。

如剛才所見，溺斃屍體因為含水量多，所以很難著火。

由於水分已滲入骨頭，因此火化起來非常花時間。

話雖如此，把火力調大時，會導致不完全燃燒，容易冒出一堆煙。

煙霧太濃，就會被附近住戶投訴。

可是把火力調弱，又很花時間。

花太多時間，葬儀社就會很困擾。

還沒好嗎？

太慢了，接下來會很趕⋯

啊⋯原來剛才是為了溝通這件事啊。

只不過，事先跟葬儀社交代，處理水佛需要花較多時間也很重要。

是。

是。

在這場攻防戰中，就得靠火化技師展現本領，盡可能兼顧雙方需求。

什麼!?

尾知先生
是在說
自己的兒子。

不過,沒關係的,
因為…

哦哦,這說法
是有點不妥,

剛才尾知先生
說的涼拌豆腐…

我…
可以問一個
問題嗎?

堀田女士說,
尾知先生喪子後的
失魂落魄樣,
跟現在簡直若兩人,
是我們絕對無法想像的。

當時他已經
找到工作,
人生正充滿希望…

這件事我也是聽
堀田女士說的,
尾知先生平時
就不斷提醒兒子
注意安全,

那天的天氣
就跟今天差不多,
兒子外出釣魚,
卻被洪水沖走。

好好
振作起來!!

像個男人

聽說那時
堀田女士使出
激將法來
鼓舞尾知先生。

揮拳

嗚喔

這樣很傷心的!!
你兒子會

甚至打算尋短。

未能阻止兒子出門
令他相當自責,

尾知先生似乎是在那之後才開始釣魚的。

原來…有這段往事…

怎麼辦，我什麼都不知道…

前一陣子還輕率地用生日數字諧音，說出尾知先生的興趣是釣魚…

沒…關係的啦，那已經有一段時間了吧？

嗯，沒關係的，接下來要撿骨了，走吧。

是…

骨骸很完整乾淨吧？

這除了是浦田技術的功勞外，也是溺斃往生者的特徵。

由於水分滲透到骨頭的緣故，因此骨骸不會變鬆脆，仍舊十分堅硬。

所以要將骨骸敲碎裝進骨灰罈，

也很吃力。

嗒嗒 硬梆梆

無論起因於事故或事件，溺斃的往生者大多走得很突然，留下許多未竟的心願。

所以我總覺得，他們直到最後都頑強抵抗，不肯進入骨灰罈內。

我頑不進去 硬梆梆

所以我們硬把人家裝進骨灰罈，只能誠心誠意地焚香祝禱來致意…

嗒

※風雨交加 轟隆轟隆—

※狂風大作

嗯，公共運輸果然停駛了。

既然明天放假，那大家今天就在值班室過夜吧？

啊哈哈

在地球這顆水之行星上，世間萬物的生死，似乎在冥冥之中都與水有關。

當女人愛上男人時，就是專一走下去就對了。

是！

啊～整個人都活過來了。

好舒服喔…

哇哈哈

年輕人呀，再多喝吧喝吧！

你也稍微節制一下吧！

其中的快樂之水，似乎是尾知先生的最愛。

恐懼之水、痛苦之水、悲傷之水、舒服之水…

世上存在著各種類型的水

我是這麼想的，活著的人必須連同已死之人的那一份，活得精采有意義。

下駄來
解惑!!
火葬場Q&A

| 問題 5 |

除了煙霧之外，
哪些是鄰近住戶最常投訴的事項？

── 下駄的回覆 ──

除了煙霧之外的話……老實說幾乎沒有。有一次曾接到附近住戶的聯絡，投訴火葬場一整晚都發出喀噠喀噠的噪音，非常吵雜。但在場內找不到噪音來源……也未有遭他人侵入的跡象……全體員工完全摸不著頭緒「究竟是什麼造成的……」。

總之，盡可能不打擾到附近住戶的生活，是火葬場相當重視的方針，所以每天致力做好這件事，避免出任何狀況……這才是職責所在。

非關鄰近住戶，而是在業務方面，經常會因為「葬儀社沒來」「僧侶沒來」等嚴格上來說跟火葬場無關的情況而遭到投訴。靈車的後車廂打不開……也會收到客訴。還有家屬傷心過度昏倒、爭吵不休等等，這裡就是會出現各種狀況的地方。

下駄來
解惑!!
火葬場Q&A

―――| 問題 6 |―――

請分享容易共事與
難以共事的葬儀社特徵與理由。

―――― 下駄的回覆 ――――

這個問題真的是完全憑個人的主觀來判斷……單純而言，用心負責的葬儀社容易共事，態度散漫的葬儀社比較難共事（笑）。先從難以共事的點來做說明，比方說，有一次家屬在撿骨過程中不小心將佛珠掉到地上，我看向當時就站在附近的葬儀社人員，對方卻不客氣地盯著我，眼神透露著「撿骨是火葬場的工作，所以身為員工的你應該去撿」的訊息……苦笑。這種事不必這樣暗示，我也樂意幫忙，就是上前撿起來交還給家屬而已。儘管並未特別在意對方的態度，不過這種特殊的規定卻令我感到納悶……像這種作風比較特別的葬儀社就必須多注意。因此，火葬場員工彼此也會進行確認，得知「今天○○葬儀社要來」時就會避免派出新人負責……反之，容易共事的葬儀社純粹就是應對進對都很合情合理。葬儀社與火葬場的立場雖不相同，但在家屬眼中其實都差不多。所以，雙方根據能力所及的事項，瞬即下判斷，讓工作得以圓滿結束，我認為這才是最為正確的做法。綜合來說，容易共事的葬儀社其實佔了壓倒性多數！而且豈止是容易共事而已，甚至總是不吝提供許多協助，令我們不勝感激。

第13話
不可能存在
的骨骸

本單元要跟大家聊聊，以前在我負責溺斃往生者的火化時，所體驗到的有點玄祕的現象。

ザザ

※海浪聲

那是一名五十幾歲的男性。

從遺照看來，體格相當健壯魁梧。

雖說是溺斃的往生者，但前來送終的人數卻頗微妙，

還記得當時我有些感到困惑。

109

火葬場員工與殯葬業者不同，無從詳細得知故人的生平，

因此察言觀色掌握家屬之間的氣氛相對重要。

以溺斃的情況來說，這就是能用來判斷事故或自殺的關鍵線索。

像這種情況，出於體恤家屬心情的考量，在撿骨時就不會詳細進行說明。

那麼，請。

必須臨機應變，讓整個儀式能莊嚴迅速地完成等等。

這可從到場人數進行推敲。

若往生者為自盡，幾乎只會有少數幾位關係親近的人送終。

父　母　弟

今天的大體究竟是事故呀…還是自殺呀…資料上只寫著溺斃。

因為是我負責撿骨的…

尾知先生…

怎麼了嗎？小兄弟。

哦，嗯，聽說是死於事故。

我有先問殯葬業者了。

火葬場員工與葬儀社保持良好的互動也很重要。

那我就照平常那樣帶領家屬撿骨就可以囉。

嗯，是啊，加油。

那我們從現在開始進行撿骨。

嗶

首先請讓我針對骨骸做一下說明。

這裡是骨盆。

骨盆左右兩側是手臂。

驚…

此時

站在遺骨腳邊的女性突然…

偶爾會有這種情況。

家屬實際目睹骨骸時，因大感衝擊而忍不住情緒激動…

原來如此。

看來她深愛著丈夫呢…

您還好嗎？

她是往生者的太太。他們夫妻倆的感情非常好…

究竟是怎麼了？…

是說好像有點太過激動了？…

抖得好厲害。

太太，我扶您去那邊的椅子，這邊請。

啊
……

啊啊
……

不要緊呀……

念念有詞

我不經意地走到剛剛太太所站的位置，巡視了一下大體腳邊的情況。

？
……

那裡竟然出現了不可能存在的東西。

然而映入眼簾的景象，令我忍不住驚呼出聲。

啊！

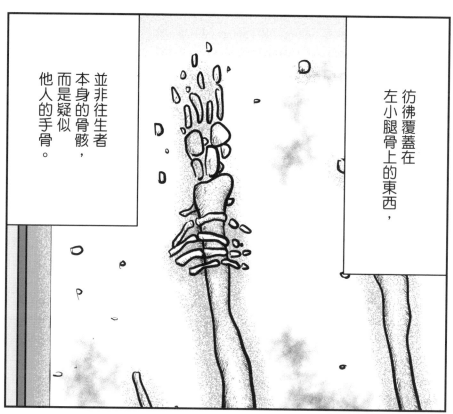

並非往生者本身的骨骸，而是疑似他人的手骨。

彷彿覆蓋在左小腿骨上的東西，

怎…怎麼可能……會有這種事……

呃？骨頭？

所以可以明確判斷這並非故人之物。

往生者的兩隻手骨完整位於骨盆兩側，

114

所以絕對不可能
發生這樣的情況
!!

更何況是溺斃的大體，
一定會進行相驗，
在解剖階段
肯定會發現不對勁。

同時跟其他人
的遺體一起
進行火化，
是不可能發生的事。

該不會
只有我
看得見吧
……!?

沒怎樣……

啊？
沒事！

不可思議的是，
其他家屬
見此情景，
卻一點都
不感到驚訝。

小哥…
你怎麼了嗎？
整個人呆住…

關於骨骸，
您是否發現了
什麼狀況呢？

太太…

對了…

※咕嚕咕嚕

我先生絕對不可能溺水…因為他很會游泳。

他一定是被那隻手拖住才死掉的。

這個人果然跟我一樣，看到相同的情況…

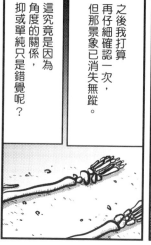

之後我打算再仔細確認一次，但那景象已消失無蹤。

這究竟是因為角度的關係，抑或單純只是錯覺呢？

無論如何回想，我還是搞不清楚那到底是什麼現象。

至今依然是未解之謎。

小兄弟，那是燒剩的棺木灰啦。

夏天經常會看見，路上出現大量的乾硬蚯蚓屍體…

大眾通常稱這個現象為蚯蚓的集體自殺…

怎麼了啊？小兄弟。

又有大量的蚯蚓死掉。為什麼牠們要集體自殺啊？白白浪費寶貴的生命……

可能蚯蚓也有蚯蚓的苦吧，你就別怪牠們了，小兄弟。

我不行了，鼴鼠實在太可怕，再也撐不下去了。

我也是，對這種永遠吃土的生活感到筋疲力盡…

我也是啊…莫名變得厭倦這一切，乾脆一死一死算了。

第14話 關於火葬場的都市傳說

但這其實是誤解。據聞此現象並非自殺，而是蚯蚓在搬家途中出意外死亡。本單元就要跟大家聊聊這種有關火葬場的錯誤謠言。

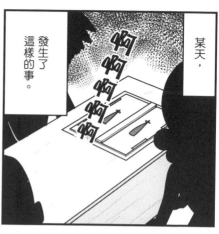

某天，發生了這樣的事。

尾…尾知先生…棺…棺材內有聲…聲響耶…

別怕，別怕，小兄弟，死者沒有復活啦。

當氣體從大體口腔跑出來時，就會發出類似低鳴的聲響。

聽殯葬業者說，在守靈夜傳出這個聲響時，往往會造成大混亂。

快叫醫生！！腳步聲

現身

喃喃自語

嗯？

啊！

咦？

原來有這種事啊…

相信大家一定嚇了好大一跳…

呼

118

給我
滾出去—

喂—

啊，妳是第一次見到齣。

前輩⋯剛剛那個女人⋯是⋯是誰呀、

我們都叫她墨田小姐。

別看尾知先生罵聲連連，他起初可是比任何人都更祖護墨田小姐呢。

是喔⋯

她會悄悄混進素不相識之人的撿骨儀式中、

在爐前大廳灑下一堆內衣、

還會打開棺木小窗，湊近猛瞧，然後露出滿臉燦笑。

沒錯，那傢伙簡直就像詭異都市傳說中會出現的女人。

尾知先生提到都市傳說⋯我曾聽過這樣的傳聞⋯

比方說，我正在火化某具大體，進行到途中時⋯

往生者死而復活了！

不得了了…尾知先生！

怎麼啦！小兄弟！

嗚哇！

3

糟…真糟糕…

尾知先生！快啊！我們快把人救出來！

你說什麼!?

120

怎麼會‼

已經太遲沒救了啦。這就樣繼續進行火化，才是對此人的慈悲⋯

不行！必須快點行動啊‼

等等！你冷靜點，小兄弟‼

※呀啊啊啊

※拔開

就是這個都市傳說⋯

我也曾聽過。

就算往生者死而復活也沒救了，所以只能繼續火化的這個傳聞⋯

其實是⋯

胡說八道，亂扯一通。

嗚哇‼

嚇破膽

嚇破膽

嚇破膽

122

非常抱歉！請各位聽我解釋。

我明白大家不捨的心情，但令尊確實已離開人世。......這是根據

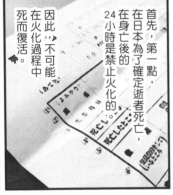

首先，第一點，在日本為了確定逝者死亡，在身亡後的24小時是禁止火化的。因此...不可能在火化過程中死而復活。

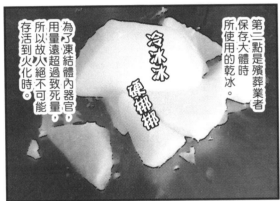

第三點是殯葬業者保存大體時所使用的乾冰。為了凍結體內器官用量遠遠超過致死量，所以故人絕不可能存活到火化時。

冷冰冰

硬梆梆

最後一點，假如真的有萬一、億一，故人在火化中死而復活...那我們火化技師...

絕對會關火！

那我了解了。

好...好吧。

※蟬鳴聲

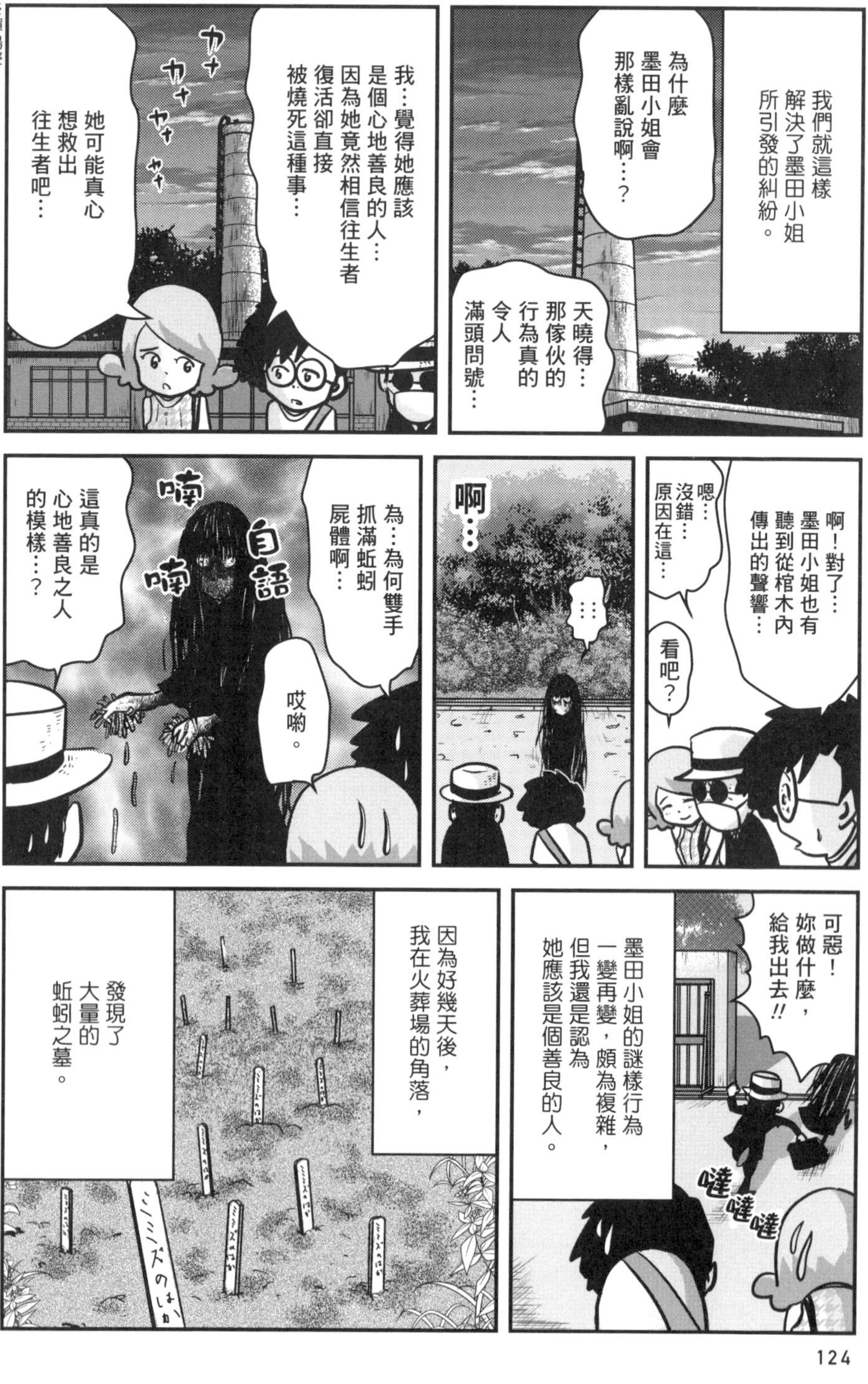
我們就這樣解決了墨田小姐所引發的糾紛。
為什麼墨田小姐會那樣亂說啊…？
天曉得…那傢伙的行為真的令人滿頭問號…
カナカナカナカナ
我…覺得她應該是個心地善良的人…因為她竟然相信往生者復活卻直接被燒死這種事…
她可能真心想救出往生者吧…
啊！對了…墨田小姐也有聽到從棺木內傳出的聲響…
嗯…沒錯…原因在這…
看吧？
啊…
……
為…為何雙手抓滿蚯蚓屍體啊…
哎喲。
喃喃自語
這真的是心地善良之人的模樣…？
可惡！妳做什麼，給我出去!!
墨田小姐的謎樣行為一變再變，頗為複雜，但我還是認為她應該是個善良的人。
噠噠噠
因為好幾天後，我在火葬場的角落，
發現了大量的蚯蚓之墓。
ミミズのはか

下駄來
解惑!!
火葬場Q&A

―――| 問題 7 |―――

要成為火葬場員工，
最需要具備何種素質？

―――― 下駄的回覆 ――――

只要擁有正常的情感就可以了。換句話說，就是能哀悼他人之死
的同理心。在網路上會看到「竟然有辦法在火葬場工作，這些員
工應該欠缺生而為人的情感吧？」這種輕率的留言，而且還經常
出現……像這種人是無法從事火葬場工作的。
無法理解他人的感受、不懂得察言觀色、不認為傷害別人有錯，
像這樣的人有辦法在撿骨時體恤家屬的心情嗎？
有鑑於此，我認為要成為火葬場員工，具備能哀悼死亡的同理心
是無比重要的。

謝謝讀者們拿起這本書並閱讀完畢，在此致上由衷的感謝。

這世上真的充滿許多不可思議的事。各種事物變得愈來愈方便、許多東西可以自動運作、甚至發展出人工智慧，令人產生錯覺，以為人類已成為凌駕於世間萬物之上的存在……

然而，實際上所有人在「死亡」這件事面前，都是無能為力的。曾聽某位僧侶表示「無論出生或死亡都是奇蹟」。我心想原來是這樣，卻又覺得好像有哪裡無法認同。出生也就算了，死亡竟然是奇蹟？嗯，或許真是如此，但我就是參不透。另一位僧侶則說「死亡是自然之事」。

將這兩位僧侶所說的話組合起來後，我終於開竅了。「是啊，有人生就會有人死，這全都是自然的法則」。

簡言之，我們人類是無法對抗自然現象的。在這方面半點不由人。既然無論如何都逃不了這樣的命運，那就與其同行吧。出自這樣的想法，我每天都「自然」地帶著身為火葬場員工的使命，前往火葬場上班。

一般聽到火葬場，或許會無端伴隨著恐怖的印象。拿起這本書的你，可能在一開始也覺

得「似乎很恐怖～！」。然而，在閱讀的過程中，是否隨之產生「啊，我家阿嬤過世時也是

這樣……」的感受呢？

這就是在我心中最重視的一件事。畢竟我是前火葬場員工，除了可以分享恐怖經驗外，

更希望能讓大眾多了解有關火葬場的事。這部作品中描繪了火葬場員工不為人知的煩惱，以

及與家屬之間的各種互動。若各位能在接觸這些故事的同時，繼而憶及故人，產生「來去掃

墓祭拜一下」或是「好久不曾雙手合十拜過佛龕……」的想法，對我而言實屬莫大的榮幸。

在大眾眼中，火葬場的定位至今仍屬於蒙上一層神祕面紗的所在。因此，期盼能有更多

讀者閱讀這類型的書籍，讓火葬場的形象得以逐漸變得明朗清晰。畢竟，這裡是火化大家摯

愛之人的地方——。

2021年　9月　下駄華緒

SAIGO NO HI O TOMOSU MONO KASOBA DE HATARAKU BOKU NO NICHIJO
© HANAO GETA, JIRO HASUKODA / TAKESHOBO
Originally published in Japan in 2021 by TAKESHOBO CO., LTD., Tokyo.
Traditional Chinese Characters translation rights arranged with
TAKESHOBO CO., LTD., through TOHAN CORPORATION, Tokyo.

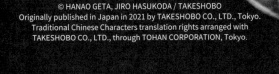

點燃最後一把火的送行者
一級火葬士的工作日常

2023年5月 1 日初版第一刷發行
2023年5月15日初版第二刷發行

原　　　案　下駄華緒
漫　　　畫　蓮古田二郎
譯　　　者　陳姵君
編　　　輯　魏紫庭
發　行　人　若森稔雄
發　行　所　台灣東販股份有限公司
　　　　　　＜地址＞台北市南京東路4段130號2F-1
　　　　　　＜電話＞（02）2577-8878
　　　　　　＜傳真＞（02）2577-8896
　　　　　　＜網址＞http://www.tohan.com.tw
郵 撥 帳 號　1405049-4
法 律 顧 問　蕭雄淋律師
總 經 銷　聯合發行股份有限公司
　　　　　　＜電話＞（02）2917-8022

TOHAN

國家圖書館出版品預行編目資料

點燃最後一把火的送行者：一級火葬士的工作日常/下
駄華緒原案；蓮古田二郎漫畫；陳姵君譯. -- 初版.
-- 臺北市：臺灣東販股份有限公司, 2023.05
128面；14.8×21公分
ISBN 978-626-329-814-9(平裝)

1.CST: 殯葬業 2.CST: 火葬 3.CST: 漫畫

489.67　　　　　　　　　　112004912